Dalla stalla della piattaforma del

Sapore di matematica

Sapore Di Matematica

Concentrarsi sulla conversione di James

VOLUME 1

TEMITOPE JAMES

Autore e matematico
C.E.O: Sapore di matematica
www.flavorofmathematics.com
temitopejames922@gmail.com

La matematica è il tuo cibo............

SAPORE DI MATEMATICA

È un

società matematica che sarà presente alle vostre esigenze matematiche in qualsiasi momento.

Per la corrispondenza, i problemi, commenti, inviti, i media e il branding Business Connect ... noi .email e noi risponderemo a voi entro 24 ore. E-mail   @

info@flavorofmathematics.com

O

Passare attraverso il nostro sito per saperne di più su di noi su   www.flavorofmathematics.com

o

visitare il nostro blog per gli aggiornamenti matematici, notizie matematica, la prossima in arrivo libri dal sapore della MATEMATICA @

flavorofmathematics.blogspot.com

Riconoscimento

Desidero apprezzare i miei cari, matematica a colleghi e amici per mostrare me cura, amore, di sostegno e di affetto verso la pubblicazione di questo libro. Tutti voi rimarrà per sempre caro nel mio cuore.

Tutti i seguaci e gli amici sulla pagina Facebook, sapore folk, i nostri siti web ufficiali, twitter e blog del sapore di matematica. Grazie per il vostro incoraggiamento, e - mail e supporto. Ringrazio e apprezzo tutti voi per i vostri commenti.

La dedizione

Dedico questo libro a Dio Onnipotente per avermi concesso la sapienza e la conoscenza per scrivere questo libro con facilità. Possa il suo nome sia lode per sempre.

Vorrei inoltre dedicare questo libro a mia bella figlia (Ester James) e figlio (sapore James). Il sorriso sui vostri volti mi dà gioia per sempre apprezzare la vostra presenza nella mia vita.

Vorrei inoltre dedicare questo libro a tutti i devoti del matematico che hanno preso il loro tempo per contribuire al successo dell'istruzione matematica in tutto il mondo.

Prefazione

Il sapore della matematica è un'internazionale società matematiche significava per inculcare lo studio dei fondamentali e matematica di base nella vita di tutti i clienti e gli studenti di questa nuova generazione. Il nostro dovere è quello di creare delle domande per voi per risolvere comodamente al fine di preparare per ogni esame interno ed esterno nel mondo.

Dalla stalla del sapore di matematica, ecco che arriva la maggior parte chiaramente indicato sotto argomento cartella di lavoro della nuova generazione; intitolato "sapore di matematica" (concentrato sulla JAMES conversione).

Questo libro spiega vividamente la radice del James la conversione in matematica. Si tratta di un libro che esporrà ogni fatto avete bisogno di conoscere il James Conversione di equazioni. Si tratta di un' esaustiva prenota significava per tutto il livello degli studenti per aumentare il loro quoziente intellettuale per lo studio di James la conversione di successo per i loro esami di matematica. Questo è un libro di testo completo/ufficiale che ha un grande vantaggio che è indicato qui sotto;

- *Chiaramente esplicativo dichiarato all'inizio di ogni notizia e argomenti per una corretta e semplice comprensione*
- *Ripartizione delle domande di comprensione e di apprendimento per facile prendere dei calcoli e le espressioni*
- *Il libro contiene domande interessanti e opzioni per gli studenti di talento di tutto il mondo*

- *Esso contiene la revisione completa di domande di esercizio*
- *Numerosi classificato domande per aumentare il quoziente intellettuale degli studenti*
- *Risposte o suggerimenti per le domande di facile comprensione e per afferrare ciascun domande con facilità di studi equilibrato*

Questo libro è scritto, disposti ben digitato gli studenti che sono disposti a essere suono, coraggioso e psicologicamente forte in matematica. Questo libro è utile per gli studenti di tutte le categorie del mondo che trattano con la gestione aziendale Matematica, matematica industriale, domestico matematica e matematica commerciale. Si tratta di un libro destinato sia per la junior e senior high school di tutte le categorie in tutto il mondo e anche di livello universitario di avanzamento per l'ampliamento di studi matematici per scopi di riferimento.

Pertanto, il sapore delle matematiche è un libro consigliato per voi. Acquistare questo libro, percepire l'aroma, mangiare, feed su di esso, vino e cenare con esso e rigorosamente risolverlo. Questo libro copre ogni spiegazione di cui hai bisogno sulla conversione di James che vi rafforzi per il vostro successo in matematica.

Dal sapore di matematica....ci supplica di avere una copia di questo libro, potrete sedervi e rilassarvi e godere il sapore della matematica (concentrato sulla JAMES CONVERSIONE)..... Hanno una felice risoluzione di lettura di e.

TEMITOPE JAMES

C.E.O del sapore della matematica

Dal

Sapore di matematica

M = molte persone non amano me perché mi sento troppo difficile

A = Tutti devono essere incompleto senza di me

T = esercitatevi in me e lei deve abituarsi a me

H = come triste alcune persone si sentono quando sentono parlare di me

E = impiegare me e scoprire che io sono univoci tra tutti gli altri corsi

M = set di molte soluzioni ai loro problemi matematici attraverso di me

A = almeno ho aiutato a coloro che lavorano con me

T = provare a me e vi sarà grande tra pari

I = sarà un bene per voi se ti concentri su di me

C = Venite a me e vi saranno buone in tutti i calcoli

S = Studio me e vi renderete conto io non sono così difficile come si pensa.

Introduzione

Siete i benvenuti alla piattaforma del sapore della matematica di portare al vostro gradino della porta il James conversione.

Questo è un nuovo argomento che è stato ricercato, testato e applicabili alle regole standard di matematica. La conversione di James è un eccezionale argomento che contiene un sacco di termini e di regole da seguire al fine di raggiungere un finale di espressione concreta della conversione.

Nello studio di James conversione, non ci sono molte spiegazioni, perché i campioni delle domande verrà automaticamente visualizzata come l'argomento è così unico nel suo genere a essere un matematico argomento di base.

Questo argomento può essere trattata da studenti delle scuole superiori e gli studenti universitari che studiano matematica ma non significava per principianti. Il James conversione è molto tenace argomento che richiede molta attenzione nell'apprendimento e risolvere.

La James offerte di conversione con la fusione di tre argomenti che essi corrispondono effettivamente

Per ogni altro in termini della loro espressione. Tre sono gli argomenti

- **Il numero base**
- **I determinanti delle matrici**
- **Le equazioni accoppiate**

Vedere brevi spiegazioni al di sotto di circa gli argomenti

Il numero BASE

Il numero base è un argomento familiare nello studio della matematica. L'uso del sistema binario porta alla produzione del numero base di qualsiasi dato espressione matematica.

Nota

- **Acquistare il libro "La matematica è il tuo cibo" (il cibo del numero base) per risolvere domande sull'uso di base numero**

- ***Acquistare il libro "sapore di matematica (concentrato sul sistema binario) per una spiegazione più dettagliata del sistema binario numero (base)***

Il determinante della matrice

La matrice è una matrice rettangolare di numeri mentre il determinante è la permutazione delle serie di numeri nella matrice. Il Cramer la legge di matrice è utilizzato nella ricerca i valori incogniti dei due da quattro equazioni, due a sei equazioni e tre da sei equazioni del James la conversione delle equazioni

Nota

- Acquistare il libro "La matematica è il tuo cibo" (il cibo delle matrici) per risolvere domande sull'uso di matrici e determinanti

- Acquistare il libro "sapore di matematica (concentrare su matrici) per una spiegazione più dettagliata del determinante della matrice (volume 2)

L'equazione abbinato

L'accoppiata di equazione può essere descritto come l'abbinamento dei due a due equazioni, tre a tre equazioni di tipo misto di equazioni etc

Ecc. Per una spiegazione più dettagliata delle equazioni accoppiate

Nota;

- *Acquistare il libro "matematica id il vostro cibo" (James applicazione di equazioni) per risolvere più domande sulle equazioni accoppiate.*

- *Acquistare il libro "Il mistero e il miracolo della matematica" per una spiegazione più dettagliata delle equazioni accoppiate per lo studio di James applicazione di equazioni.*

JAMES conversione di equazione

Ora, il James conversione di equazioni possono essere descrivere come atto di conversione del numero di espressione di base per formare coppie di equazione che contiene diversi valori sconosciuti per la scoperta degli stessi valori incogniti.

Inoltre, il James conversione può essere descritta come la legge di conversione del numero base di espressione di valori sconosciuti a una equazione abbinato al fine di trovare la sconosciuta dato valori dal numero di espressione di base.

Tutti i matematici, studenti tutor e per gli amanti della matematica dovrebbe comprendere il James applicazione delle equazioni e l'uso del sistema binario al fine di avere la conoscenza del James conversione di equazioni. Sguardo nel nostro elenco di libri dal sapore di matematica e di acquistare uno dei libri su James applicazione delle equazioni e il sistema binario. Il James la conversione di equazioni è molto interessante, noioso, faticoso, argomento tecnico che deve attualmente la vostra attenzione per la concentrazione. Vi sono

diverse forme di risolvere il James Conversione di equazioni. Essi sono

    i.   **I due a due la conversione**
    ii.   **I tre a tre la conversione**
    iii.   **I due da quattro la conversione**
    iv.   **I due da sei la conversione**
    v.   **I tre da sei la conversione**

Queste sub - argomento di cui sopra sono molto noioso, faticoso e tecnico. Anche se essi sono semplici in misura e lettera su, richiede attenzione e discrezione nel risolverli. Ci sono alcuni punti fondamentali che devi sapere quando la risoluzione di domande basate su James Conversione di equazioni. Essi sono

    i.   **Il James la conversione di equazioni ha due principali qualità; semplice e resistente**

    ii.   **Quando risolvendo il James Conversione di equazioni, numero differente base è dato per l'espressione binaria. es.**

$$ABC_3 = 21$$
$$(2A)(3B)C_2 = 10$$
$$AB(2C)_4 = 13$$

Nella suddetta espressione binaria, il numero base è diverso da ogni altro cioè 3, 2 e 4

iii. **Quando lo stesso numero base sono fornite per l'espressione binaria, l'espressione binaria deve essere diverso da tutti gli altri espressione**

$$(4A)(2B)(4C)_3 = 21$$
$$(2A)(3B)C_3 = 10$$
$$(3A)B(2C)_3 = 13$$

Nella suddetta espressione binaria, il numero base è lo stesso con ogni altro cioè 3, 3 e 3. Inoltre, l'espressione binaria è diverso.

iv. **Risolvere i tre per sei conversione di equazione, si impiega circa 1 ora per un matematici, gli studenti e gli insegnanti per risolvere i problemi IT**

v. **Il James Conversione di equazioni possono anche essere applicabile a qualsiasi forma di sotto argomento in matematica che ha l'espressione di risolvere incognite di per sé.**

vi.   **I due a due equazione e tre da tre equazione può essere risolto con l'uso della sostituzione e Cramer la legge di matrice**

vii.   **I due da quattro equazioni, due a sei equazioni e le tre di sei equazioni possono essere risolti con l'uso di Cramer la legge del solo di matrice.**

Gli studenti e gli insegnanti dovrebbero prendere nota delle informazioni di cui sopra e il know how per risolvere il James Conversione di equazioni con l uso di Cramer la legge di matrice e l'uso del metodo di sostituzione sulle diverse forme dell'argomento.

In questo volume del James Conversione di equazioni, studieremo i seguenti

i.   **I due a due equazioni**
ii.   **I tre da tre equazioni**

Essi sono spiegate brevemente di seguito con i loro campioni ad essi collegate

I due a due equazioni

I due a due equazioni di James Conversione di equazione è una soluzione molto semplice. Esso comporta trovare due valori sconosciuti in un sistema binario espressione che viene convertito in un equazione simultanea. Si tratta di una espressione molto comune che dobbiamo anche studiare circa in James Conversione di equazioni. Vedere esempi di seguito.

Esempi

1. *Qual è il valore di x e y nel seguente coppia di equazioni simultanee in base numero;*
   $x4y_2 = 3$ *e* $2xy_2 = 5$?
   Soluzione

   Il primo metodo
   La prima espressione; $x4y_2 = 3$
   Diventa $(x \times 2^2) + (4 \times 2^1) + (y \times 2^0)$
   Quindi, $4x + 8 + y = 3$

   $4x + y = -5$ *..... Equazione i*

   La seconda espressione; $2xy_2 = 5$
   Diventa $(2 \times 2^2) + (x \times 2^1) + (y \times 2^0)$
   Poi, $8 + 2x + y = 5$

   $2x + y = -3$ *..... L'equazione ii*

Associazione di equazione insieme per risolvere contemporaneamente, diventa

$$4x + y = -5$$
$$2x + y = -3$$

Pertanto il valore di $x = -1$ $y = -1$
Verificare: $x4y_2 = 3$; $(-1)(4)(-1)_2 = 3$
$$2xy_2 = 5; (2)(-1)(-1)_2 = 5$$

Il secondo metodo
La prima espressione; $x4y_2 = 3$
Diventa $(x \times 2^2) + (4 \times 2^1) + (y \times 2^0)$
Quindi, $4x + 8 + y = 3$

$4x + y = -5$ ..... Equazione i

La seconda espressione; $2xy_2 = 5$
Diventa $(2 \times 2^2) + (x \times 2^1) + (y \times 2^0)$
Poi, $8 + 2x + y = 5$

$2x + y = -3$ ..... L'equazione ii

Associazione di equazione insieme per risolvere in forma di Cramer la legge di matrice, esso diventa

$$4x + y = -5$$
$$2x + y = -3$$

$\begin{bmatrix} 4 & 1 \\ 2 & 1 \end{bmatrix}$ *(Il determinante della matrice è 2)*

Per trovare il valore di x, diventa

$\begin{bmatrix} -5 & 1 \\ -3 & 1 \end{bmatrix}$*(Il determinante è – 2)*

Per trovare il valore di y, diventa

$\begin{bmatrix} 4 & -5 \\ 2 & -3 \end{bmatrix}$ *(Il determinante è – 2)*

Pertanto,

Il valore di $x = {}^{-2}/_2$, il valore di $y = {}^{-2}/_2$

$$x = 1 \ e \ y = -1$$

2. Trovare il valore di x e y nel seguente coppia di equazioni simultanee in base numero; $5ab_2 = 1$ e $(2a)b_3 = 7$

Soluzione

Il primo metodo

La prima espressione; $5ab_2 = 1$

Diventa $(5 \times 2^2) + (a \times 2^1) + (b \times 2^0)$

Poi, $20 + 2a + b = 1$

$2a + b = c - 19$ ..... Equazione i

La seconda espressione; $(2a)b_3 = 7$

Esso diventa $(2a \times 3^1) + (b \times 3^0)$

Quindi, $6a + b = 7$

$6a + b = 7$ ..... L'equazione ii

Associazione di equazione insieme per risolvere contemporaneamente, diventa

$$2a + b = -19$$
$$6a + b = 7$$

Pertanto il valore di $a = {}^{13}/_2$, $b = -32$

Verificare: $5ab_2 = 1$; $5({}^{13}/_2)(-32)_2 = 1$

$$(2a)b_3 = 7; (2 \times {}^{13}/_2)(-32)_3 = 7$$

Il secondo metodo

La prima espressione; $5ab_2 = 1$

Diventa $(5 \times 2^2) + (a \times 2^1) + (b \times 2^0)$

Poi, $20 + 2a + b = 1$

$2a + b = -19$ ..... **Equazione i**

La seconda espressione; $(2a)b_3 = 7$

Esso diventa $(2a \times 3^1) + (b \times 3^0)$

Quindi, $6a + b = 7$

$6a + b = 7$ ..... **L'equazione ii**

Associazione di equazione insieme per risolvere utilizzando il Cramer la legge di matrice, esso diventa

$$2a + b = -19$$
$$6a + b = 7$$

$\begin{bmatrix} 2 & 1 \\ 6 & 1 \end{bmatrix}$ **(Il determinante della matrice è - 4)**

Per trovare il valore di a, diventa

$$\begin{bmatrix} -19 & 1 \\ 7 & 1 \end{bmatrix}$$ *(Il determinante è – 26)*

Per trovare il valore di b, diventa

$$\begin{bmatrix} 2 & -19 \\ 6 & 7 \end{bmatrix}$$ *(Il determinante è 128)*

Pertanto,

Il valore di a $= {}^{-26}/_{-4}$, il valore di b $= {}^{-128}/_4$

$$a = {}^{13}/_2 \ e \ b = -32$$

3. Trovare il valore di x e y nel seguente coppia di equazioni simultanee in base numero; $k(2d)3_2 = 10$ e $(2k)(4d)_4 = 5$

Soluzione

Il primo metodo

La prima espressione; $k(2d)3_2 = 10$

Diventa $(k \times 2^2) + (2d \times 2^1) + (3 \times 2^0)$

Quindi, $4k + 4d + 3 = 10$

$4k + 4d = 7$ ..... Equazione i

La seconda espressione; $(2k)(4d)_4 = 5$

Esso diventa $(2k \times 4^1) + (4d \times 4^0)$

Quindi, $8k + 4d = 5$

$8k + 4d = 5$ ..... L'equazione ii

Associazione di equazione insieme per risolvere contemporaneamente, diventa

$$4k + 4d = 7$$
$$8k + 4d = 5$$

Pertanto il valore di $k = {}^{-}\,{}^1\!/_2$, $d = {}^9\!/_4$
Verificare: $k(2d)3_2 = 10$; $(-\,\tfrac{1}{2})(2 \times {}^9\!/_4)3_2 = 10$
$(2k)(4d)_4 = 5$; $(2 \times {}^{-}\,{}^1\!/_2)(4 \times {}^9\!/_4)_4 = 5$

Il secondo metodo
La prima espressione; $k(2d)3_2 = 10$
Diventa $(k \times 2^2) + (2d \times 2^1) + (3 \times 2^0)$
Quindi, $4k + 4d + 3 = 10$

$4k + 4d = 7$ ..... Equazione i

La seconda espressione; $(2k)(4d)_4 = 5$
Esso diventa $(2k \times 4^1) + (4d \times 4^0)$
Quindi, $8k + 4d = 5$

$8k + 4d = 5$ ..... L'equazione ii

Associazione di equazione insieme per risolvere utilizzando il Cramer la legge di matrice, esso diventa

$$4k + 4d = 7$$
$$8k + 4d = 5$$

$$\begin{bmatrix} 4 & 4 \\ 8 & 4 \end{bmatrix}$$ *(Il determinante della matrice è – 16)*

Per trovare il valore di k, diventa

$$\begin{bmatrix} 7 & 4 \\ 5 & 4 \end{bmatrix}$$ *(Il determinante è 8)*

Per trovare il valore di d, diventa

$$\begin{bmatrix} 4 & 7 \\ 8 & 5 \end{bmatrix}$$ *(Il determinante è – 36)*

Pertanto il valore di $k = {}^{-1}/_2$, il valore di $d = {}^9/_4$. Diventa $k = {}^{-1}/_2$ e $d = {}^9/_4$

La soluzione sopra è il campione dei due a due equazioni di James Conversione di equazioni. Questo tipo di soluzioni è molto familiare con alcuni matematici.

Inoltre, prendete nota che vi è una differenza tra $2A_3 = 4$ e $(2A)_3 = 4$

$2a_3$ significa che 2 è separata da un $2a_3 = 4$; mezzi $(2 \times 3^1) + (a \times 3^0) = 4$

$(2a)_3$ significa che 2 è unita insieme con un $(2a)_3 = 4$; mezzi $(2a \times 3^0) = 4$

I tre da tre equazioni

I tre da tre equazioni del James Conversione di equazione è anche una semplice soluzione. Esso comporta trovare tre valori sconosciuti in un sistema binario espressione che viene convertito in una coppia di tre equazioni. Non si tratta di una espressione comune ma è anche una scoperta dal sapore di matematica che dobbiamo anche studiare circa in James Conversione di equazioni. Vedere esempi di seguito.

Esempi

1. **Trovare il valore di A, B e Q la seguente coppia di equazione in numero di base;**
   $AQ(3B)_2 = 12$, $(2A)QB_3 = 11$ e $AQB_5 = 6$
   Soluzione

   Il primo metodo
   La prima espressione; $AQ(3B)_2 = 12$

Esso diventa $(A \times 2^2) + (Q \times 2^1) + (3B \times 2^0) = 12$

Quindi, $4A + 2Q + 3B = 12$

$4A + 2Q + 3B = 12$ ..... Equazione i

La seconda espressione; $(2A)QB_3 = 11$
Esso diventa $(2A \times 3^2) + (Q \times 3^1) + (B \times 3^0) = 11$

Quindi, $18A + 3Q + B = 11$

$18A + 3Q + B = 11$ ..... L'equazione ii

La terza espressione; $AQB_5 = 6$
Esso diventa $(A \times 5^2) + (Q \times 5^1) + (B \times 5^0) = 6$
Quindi, $25A + 5Q + B = 6$

$25A + 5Q + B = 6$ ..... Equazione III

Associazione di equazione insieme per trovare i valori incogniti, diventa

$$4A + 2Q + 3B = 12$$
$$18A + 3Q + B = 11$$
$$25A + 5Q + B = 6$$

Prelevare qualsiasi equazione per la sostituzione, per esempio veniamo a ritirare la seconda equazione

$$18A + 3Q + B = 11$$

Esso diventa B = 11 – 18A – 3Q

Immissione B nella prima e nella terza equazione diventa

- *4A + 2Q + 3(11 – 18A – 3Q) = 12*

  4A + 2Q + 33 – 54A – 9Q = 12

  Si producono un'equazione (– 50A – 7Q = – 21)

- *25A + 5Q + (11 – 18A – 3Q) = 6*

  25A + 5Q + 11 – 18A – 3Q = 6

  Essa produce un equazione (7A + 2Q = – 5)

La staffa di due equazione è associato insieme per essere risolte simultaneamente che diventa

$$– 50A – 7Q = – 21$$
$$7A + 2Q = – 5$$

Risolverli simultaneamente, il valore di a = $^{77}/_{51}$ e il valore di Q = $^{-397}/_{51}$

Poiché abbiamo trovato il valore di A e Q, abbiamo posto il valore di A e Q in sostituzione di cui sopra che è

B = 11 – 18A – 3Q

Quando A = $^{77}/_{51}$ e Q = $^{-397}/_{51}$

Diventa

B = 11 – 18($^{77}/_{51}$) – 3($^{-397}/_{51}$)

$$B = 11 - \left(^{1386}/_{51}\right) + \left(^{1191}/_{51}\right)$$

$$B = \frac{561 - 1386 + 1191}{51}$$

$$B = {}^{366}/_{51}$$

Pertanto il valore di A = $^{77}/_{51}$, B = $^{366}/_{51}$, Q = $^{-397}/_{51}$

Il secondo metodo

La prima espressione; $AQ(3B)_2 = 12$

Esso diventa $(A \times 2^2) + (Q \times 2^1) + (3B \times 2^0) = 12$

Quindi, $4A + 2Q + 3B = 12$

$4A + 2Q + 3B = 12$ ..... **Equazione i**

La seconda espressione; $(2A)QB_3 = 11$

Esso diventa $(2A \times 3^2) + (Q \times 3^1) + (B \times 3^0) = 11$

Quindi, $18A + 3Q + B = 11$

$18A + 3Q + B = 11$ ..... **L'equazione ii**

La terza espressione; $AQB_5 = 6$

Esso diventa $(A \times 5^2) + (Q \times 5^1) + (B \times 5^0) = 6$

Quindi, $25A + 5Q + B = 6$

$25A + 5Q + B = 6$ ..... **Equazione III**

Associazione di equazione insieme per trovare i valori incogniti, diventa

$$4A + 2Q + 3B = 12$$
$$18A + 3Q + B = 11$$
$$25A + 5Q + B = 6$$

In corrispondenza di tale giunzione, che dobbiamo risolvere la coppia di equazioni sopra

nella forma di Cramer la legge di matrice. Diventa

$$\begin{bmatrix} 4 & 2 & 3 \\ 18 & 3 & 1 \\ 25 & 5 & 1 \end{bmatrix}$$

(Il determinante della matrice è 51)

Quindi, per trovare il valore di A, diventa

$$\begin{bmatrix} 12 & 2 & 3 \\ 11 & 3 & 1 \\ 6 & 5 & 1 \end{bmatrix}$$

$$12\begin{vmatrix} 3 & 1 \\ 5 & 1 \end{vmatrix} - 2\begin{vmatrix} 11 & 1 \\ 6 & 1 \end{vmatrix} + 3\begin{vmatrix} 11 & 3 \\ 6 & 5 \end{vmatrix}$$

$$12(3 - 5) - 2(11 - 6) + 3(55 - 18) = 77$$

Quindi, per trovare il valore di Q, diventa

$$\begin{bmatrix} 4 & 12 & 3 \\ 18 & 11 & 1 \\ 25 & 6 & 1 \end{bmatrix}$$

$$4\begin{vmatrix} 11 & 1 \\ 6 & 1 \end{vmatrix} - 12\begin{vmatrix} 18 & 1 \\ 25 & 1 \end{vmatrix} + 3\begin{vmatrix} 18 & 11 \\ 25 & 6 \end{vmatrix}$$

$$4(11 - 6) - 12(18 - 25) + 3(108 - 275) = -397$$

Quindi, per trovare il valore di B, diventa

$$\begin{bmatrix} 4 & 2 & 12 \\ 18 & 3 & 11 \\ 25 & 5 & 6 \end{bmatrix}$$

$$4\begin{vmatrix} 3 & 11 \\ 5 & 6 \end{vmatrix} - 2\begin{vmatrix} 18 & 11 \\ 25 & 6 \end{vmatrix} + 12\begin{vmatrix} 18 & 3 \\ 25 & 5 \end{vmatrix}$$

$$4(18 - 55) - 2(108 - 275) + 12(90 - 75) = 366$$

Poiché il determinante di tre coppia equazione è 51, il valore di A = $^{77}/_{51}$, B = $^{122}/_{17}$ e Q = $^{-397}/_{51}$

2. Trovare il valore di B, C E D nel seguente coppia di equazione in numero di base;
$(4B)(3C)(2D)_3 = 10$, $B(4C)(2D)_5 = -8$ e
$(2B)(5C)D_4 = 1$
Soluzione

Il primo metodo
La prima espressione; $(4B)(3)(C)(2D)_3 = 10$
Esso diventa

$(4B \times 3^2) + (3C \times 3^1) + (2D \times 3^0) = 10$

Quindi, $36B + 9C + 2D = 10$

$36B + 9C + 2D = 10$ ..... *Equazione i*

La seconda espressione; $B(4C)(2D)_5 = -8$
Esso diventa
$(B \times 5^2) + (4C \times 5^1) + (2D \times 5^0) = -8$
Quindi, $25B + 20C + 2D = -8$

$25B + 20C + 2D = -8$ ..... *L'equazione ii*

La terza espressione; $(2B)(5C)D_4 = 1$

Esso diventa $(2B \times 4^2) + (5C \times 4^1) + (D \times 4^0) = 1$
Quindi, $32B + 20C + D = 1$

$32B + 20C + D = 1$ ..... *Equazione III*

Associazione di equazione insieme per trovare i valori incogniti, diventa

$$36B + 9C + 2D = 10$$
$$25B + 20C + 2D = -8$$
$$32B + 20C + D = 1$$

Prelevare qualsiasi equazione per la sostituzione, per esempio veniamo a ritirare la seconda equazione

$$25B + 20C + 2D = -8$$

Esso diventa $B = \dfrac{-8 - 20C - 2D}{25}$

Immissione B nella prima e nella terza equazione diventa

- $36B + 9C + 3D = 12$

$$36\left(\dfrac{-8 - 20C - 2D}{25}\right) + 9C + 3D = 12$$

Si producono un'equazione
$$(-495C - 22D = 538)$$

- $32B + 20C + D = 1$

$$32\left(\dfrac{-8 - 20C - 2D}{25}\right) + 20C + D = 1$$

Essa ha prodotto un'equazione
$$(-140C - 39D = 281)$$

La staffa di due equazione è associato insieme per essere risolte simultaneamente che diventa

$$-495C - 22D = 538$$
$$-140C - 39D = 281$$

Risolverli simultaneamente, il valore di $C = -{}^{592}/_{649}$ e il valore di $D = -{}^{2551}/_{649}$

Poiché abbiamo trovato il valore di C e D, abbiamo posto il valore di C e D in sostituzione di cui sopra che è

$$B = \frac{-8 - 20C - 2D}{25}$$

Quando $C = {}^{-592}/_{649}$ e $D = {}^{-2551}/_{649}$

Allora; $B = \dfrac{-8 - 20C - 2D}{25}$

$$B = \frac{-8 - 20({}^{-592}/_{649}) - 2({}^{-2551}/_{649})}{25}$$

$$B = \frac{-8 + ({}^{11840}/_{649}) + ({}^{5102}/_{649})}{25}$$

$$B = \frac{-5192 + 11840 + 5102}{649} \quad \textit{(diviso per 25)}$$

$$B = {}^{11750}/_{649} \div 25$$

$$B = {}^{11750}/_{649} \times {}^{1}/_{25}$$

Concentrarsi sulla conversione di James volume 1

$$B = {}^{470}/_{649}$$

Pertanto, il valore di $D = {}^{-2551}/_{649}$, $B = {}^{470}/_{649}$ **e** $C = {}^{-592}/_{649}$

Il secondo metodo

La prima espressione; $(4B)(3)(C)(2D)_3 = 10$

Esso diventa $(4B \times 3^2) + (3C \times 3^1) + (2D \times 3^0) = 10$

Quindi, $36B + 9C + 2D = 10$

$36B + 9C + 2D = 10$ ..... **Equazione i**

La seconda espressione; $B(4C)(2D)_5 = -8$

Esso diventa (B × 5²) + (4C × 5¹) + (2D × 5⁰) = – 8

Quindi, 25B + 20C + 2D = – 8

25B + 20C + 2D = – 8 ..... L'equazione ii

La terza espressione; (2B)(5C)D₄ = 1
Esso diventa (2B × 4²) + (5C × 4¹) + (D × 4⁰) = 1
Quindi, 32B + 20C + D = 1

32B + 20C + D = 1 ..... Equazione III

Associazione di equazione insieme per trovare i valori incogniti, diventa

$$36B + 9C + 2D = 10$$
$$25B + 20C + 2D = – 8$$
$$32B + 20C + D = 1$$

In corrispondenza di tale giunzione, che dobbiamo risolvere la coppia di equazioni sopra nella forma di Cramer la legge di matrice. Diventa

$$\begin{bmatrix} 36 & 9 & 2 \\ 25 & 20 & 2 \\ 32 & 20 & 1 \end{bmatrix}$$

(Il determinante della matrice è – 649)

Quindi, per trovare il valore di B, diventa

$$\begin{bmatrix} 10 & 9 & 2 \\ -8 & 20 & 2 \\ 1 & 20 & 1 \end{bmatrix}$$

$$10\begin{vmatrix} 20 & 2 \\ 20 & 1 \end{vmatrix} - 9\begin{vmatrix} -8 & 2 \\ 1 & 1 \end{vmatrix} + 2\begin{vmatrix} -8 & 20 \\ 1 & 20 \end{vmatrix}$$

$$10(20 - 40) - 9(-8 - 2) + 2(-160 - 20) = -470$$

Quindi, per trovare il valore di C, diventa

$$\begin{bmatrix} 36 & 10 & 2 \\ 25 & -8 & 2 \\ 32 & 1 & 1 \end{bmatrix}$$

$$36\begin{vmatrix} -8 & 2 \\ 1 & 1 \end{vmatrix} - 10\begin{vmatrix} 25 & 2 \\ 32 & 1 \end{vmatrix} + 2\begin{vmatrix} 25 & -8 \\ 32 & 1 \end{vmatrix}$$

Concentrarsi sulla conversione di James volume 1

$$36(-8 - 2) - 10(25 - 64) + 2(25 + 256) = 592$$

Quindi, per trovare il valore di D, diventa

$$\begin{bmatrix} 36 & 9 & 10 \\ 25 & 20 & -8 \\ 32 & 20 & 1 \end{bmatrix}$$

$$36\begin{vmatrix} 20 & -8 \\ 20 & 1 \end{vmatrix} - 9\begin{vmatrix} 25 & -8 \\ 32 & 1 \end{vmatrix} + 10\begin{vmatrix} 25 & 20 \\ 32 & 20 \end{vmatrix}$$

$$36(20 + 160) - 9(25 + 256) + 10(500 - 640)$$
$$= 2551$$

Poiché il determinante di tre coppia equazione è – 649, il valore di B = ${}^{470}/_{649}$, C = ${}^{-592}/_{649}$ e D = ${}^{-2551}/_{649}$

I campioni effettuati in precedenza sono sufficienti a dimostrare il James la conversione di equazioni di due a due e tre da tre equazioni. Essi sono molto facile e semplice di lavorare sulla loro espressione in qualunque forma. Il prossimo volume del libro deve essere in due a quattro equazioni e due da sei equazioni.

I campioni effettuati in precedenza sono sufficienti a dimostrare il James la conversione di equazioni di due a due e tre da tre equazioni. Essi sono molto facile e semplice di lavorare sulla loro espressione in qualunque forma.

Il prossimo volume del libro deve essere in due a quattro equazioni e due da sei equazioni.

La classe esercizi sono qui di seguito riportati per rafforzare il nostro quoziente intellettuale di studio. Risolvere le domande e imparare a convertire l'espressione binaria di equazioni.

Nota: acquistare la matematica è il tuo cibo "il cibo di James conversione" (Tutti i volumi) per risolvere più spessa e domande dalla piattaforma del sapore di matematica. Gustate il sapore della matematica.

Risolvere i seguenti domande e trovare i valori incogniti della espressione in forma di James Conversione di equazioni.

1. $AB24_2 = 7$ e $A3B_2 = 4$

2. $C2B_3 = 9$ e $CB_3 = 2$

3. $C2D_2 = 4$ e $CD_2 = 10$

4. $A5B_3 = 12$ e $AB2_3 = 4$

5. $B4U_2 = 9$ e $BU3_2 = 16$

6. $CB2_3 = 4$ e $B_2 = 2$

7. $PQ35_2 = 17$ e $P4Q_2 = 12$

8. $2XY4_2 = 14$ e $X3Y7_3 = 7$

9. $2BC_4 = 6$ e $BC_3 = 1$

10. $X4Y_2 = 3$ e $2XY_2 = 5$

11. $ABC3_3 = 9$, $A4BC_3 = 6$ e $AB2C_3 = 12$

12. $X3YZ_2 = 7$, $2XYZ_2 = 10$ e $XY4Z_2 = 18$

13. $B9AD_2 = 12$, $BAD_4 = 2$ e $BA8D_2 = 22$

14. $(4A)(2Q)K_3 = 14$, $A(4Q)(2K)_2 = 1$ e $(3A)QK_3 = 9$

15. $ABK_5 = 20$, $(2A)B(3K)_4 = 2$ e $(4A)(2B)K_2 = 11$

16. $(4A)(3K)M_2 = 16$, $AK(4M)_2 = 28$ e
$(3A)(5K)M_4 = 6$

17. $(2B)C(4G)_4 = 6$, $BCG_2 = 0$ e $(9B)(2C)G_3 = 16$

18. $MKP_3 = 1$, $MKP_5 = 6$ e $MKP_4 = 10$

19. $(2B)(3K)P_5 = 6$, $B(2K)(3P)_4 = 1$ e $BKP_3 = 11$

Concentrarsi sulla conversione di James volume 1

Sapore di Matematica   *Temitope James*

Risposte

1. $A = {}^{-7}/_8$, $B = {}^3/_2$

2. $C = {}^1/_6$, $B = {}^3/_2$

3. $C = -3$, $D = 16$

4. $A = {}^{-11}/_{18}$, $B = {}^5/_2$

5. $B = {}^{-11}/_4$, $U = 12$

6. $C = {}^{-4}/_9$, $B = 2$

7. $P = {}^5/_4$, $Q = -1$

8. $X = {}^{-6}/_7$, $Y = {}^{-9}/_7$

9. $C = 82$, $B = -27$

10. $X = -1$, $Y = -1$

11. $A = {}^{-16}/_9$, $B = 4$, $C = 6$

12. $Z = -22$, $Y = {}^{15}/_2$, $X = {}^1/_4$

13. $A = 15$, $D = -50$, $B = {}^{-1}/_2$

Concentrarsi sulla conversione di James volume 1

Sapore di Matematica   *Temitope James*

14. $K = {}^{-213}/_{84}$, $Q = {}^{97}/_{168}$, $A = {}^{61}/_{168}$

15. $K = {}^{-145}/_{14}$, $B = {}^{135}/_{56}$, $A = {}^{41}/_{56}$

16. $K = {}^{-219}/_{17}$, $M = {}^{138}/_{17}$, $A = {}^{181}/_{34}$

17. $C = {}^{-103}/_{186}$, $G = {}^5/_{31}$, $B = {}^{22}/_{93}$

18. $M = {}^{-13}/_2$, $K = {}^{109}/_2$, $P = -104$

19. $K = {}^{-1367}/_{91}$, $P = {}^{1601}/_{91}$, $B = {}^{389}/_{91}$

Dal sapore di **matematica**, **la nostra preoccupazione è per voi di essere accademicamente brillante sullo studio della matematica. I nostri libri sono pensati per i principianti (i bambini), il livello di base, il college di livello e anche studenti di istituzioni superiori possono fare uso dei nostri libri. Visita il nostro sito web per sapere dove è possibile acquistare i nostri libri elencati. Il** *sapore della matematica è davvero preoccupato per voi.*

    i.   **Come stai affrontando sullo studio della matematica?**

    ii.   **Hai paura dei rami della matematica?**

    iii.   **Hai bisogno di libri come uno scopo di riferimento per lo studio più domande da qualsiasi argomento di base in matematica?**

    iv.   **La matematica è un problema nella tua vita accademica?**

    v.   **Avete bisogno di rinascita intellettuale sullo studio della matematica?**

Quindi.... *sapore di matematica* **è la risposta a tutte le tue domande. Acquistare i nostri libri e liberarsi dall'oppressione della matematica. 100% di successo è garantito a voi quando siete collegati a noi. Vedere i nostri libri elencati di seguito e hanno un grande giorno di anticipo**

I nostri libri dal

Sapore di matematica

    1. Sapore di Matematica volume 1

    2. Sapore di matematica volume 2

3. *James Applicazione delle equazioni volume 1*

4. *James Applicazione delle equazioni volume 2*

5. *James Applicazione delle equazioni volume 3*

6. *Il mio formule (volume 1)*

7. *Il mio formule (volume 2)*

8. *La matematica è il tuo cibo ..(processo algebrica volume 1)*

9. *La matematica è il tuo cibo ..(processo algebrica volume 2)*

10. *La matematica è il tuo cibo ..(alfa e beta di volume 1)*

11. *La matematica è il tuo cibo ..(alfa e beta di volume 2)*

12. *La matematica è il tuo cibo ..(processi aritmetica volume 1)*

13. *La matematica è il tuo cibo ..(processi aritmetica volume 2)*

14. *La matematica è il tuo cibo ..(progressione aritmetica volume 1)*

15. *La matematica è il tuo cibo ..(progressione aritmetica volume 2)*

16. *La matematica è il tuo cibo ..(teorema binomiale volume 1)*

17. *La matematica è il tuo cibo ..(teorema binomiale volume 2)*

18. *La matematica è il tuo cibo ..(Modifica del soggetto formula volume 1)*

19. *La matematica è il tuo cibo ..(sezione conica volume 1)*

20. *La matematica è il tuo cibo ..(sezione conica volume 2)*

21. *La matematica è il tuo cibo ..(Modifica del soggetto formula volume 2)*
22. *La matematica è il tuo cibo ..(Decimal volume 1)*
23. *La matematica è il tuo cibo ..(Decimal volume 2)*
24. *La matematica è il tuo cibo ..(differenziazione volume 1)*
25. *La matematica è il tuo cibo ..(Decimal volume 2)*
26. *La matematica è il tuo cibo..(gradi e radianti) Volume 1*
27. *La matematica è il tuo cibo..(gradi e radianti) Volume 2*
28. *La matematica è il tuo cibo ..(elevazione e depressione volume 1)*
29. *La matematica è il tuo cibo ..(elevazione e depressione volume 2)*
30. *La matematica è il tuo cibo ..(equazioni simultanee volume 1)*
31. *La matematica è il tuo cibo ..(equazioni simultanee volume 2)*
32. *La matematica è il tuo cibo ..(cifre significative le equazioni volume 1)*
33. *La matematica è il tuo cibo ..(cifre significative le equazioni volume 2)*
34. *La matematica è il tuo cibo ..(volume di fattorizzazione 1)*
35. *La matematica è il tuo cibo ..(volume di fattorizzazione 2)*
36. *La matematica è il tuo cibo ..(teorie della frazione di volume 1)*
37. *La matematica è il tuo cibo ..(teorie della frazione di volume 2)*

55.   La matematica è il tuo cibo ..(numero
      sostituzione volume 2)
56.   La matematica è il tuo cibo
      ..(logaritmo volume 1)
57.   La matematica è il tuo cibo
      ..(logaritmo volume 2)
58.   La matematica è il tuo cibo ..(volume
      logico 1)
59.   La matematica è il tuo cibo ..(volume
      logico 2)
60.   La matematica è il tuo cibo
      ..(Statistiche volume 1)
61.   La matematica è il tuo cibo
      ..(Statistiche volume 2)
62.   La matematica è il tuo cibo ..(linea
      retta della geometria volume 1)
63.   La matematica è il tuo cibo ..(linea
      retta della geometria volume 2)
64.   La matematica è il tuo cibo ..(numeri
      irrazionali volume 1)
65.   La matematica è il tuo cibo ..(numeri
      irrazionali volume 2)
66.   La matematica è il tuo cibo
      ..(Trigonometria volume 1)
67.   La matematica è il tuo cibo
      ..(Trigonometria volume 2)
68.   La matematica è il tuo cibo
      ..(Variazione volume 1)
69.   La matematica è il tuo cibo
      ..(Variazione volume 2)
70.   La matematica è il tuo cibo ..(linea
      parallela geometria volume 1)
71.   La matematica è il tuo cibo ..(linea
      parallela geometria volume 2)

72. *La matematica è il tuo cibo ..(parziale frazione volume 1)*

73. *La matematica è il tuo cibo ..(parziale frazione volume 2)*

74. *La matematica è il tuo cibo ..(Permutazione e combinazione volume 1)*

75. *La matematica è il tuo cibo ..(Permutazione e combinazione volume 2)*

76. *La matematica è il tuo cibo ..(Polygon volume 1)*

77. *La matematica è il tuo cibo ..(Polygon volume 2)*

78. *La matematica è il tuo cibo ..(polinomi volume 1)*

79. *La matematica è il tuo cibo ..(polinomi volume 2)*

80. *La matematica è il tuo cibo ..(probabilità volume 1)*

81. *La matematica è il tuo cibo ..(probabilità volume 2)*

82. *La matematica è il tuo cibo ..(equazioni quadratiche volume 1)*

83. *La matematica è il tuo cibo ..(equazioni quadratiche volume 2)*

84. *La matematica è il tuo cibo ..(cifre romane volume 1)*

85. *La matematica è il tuo cibo ..(cifre romane volume 2)*

86. *La matematica è il tuo cibo ..(Sequence e serie volume 1)*

87. *La matematica è il tuo cibo ..(Sequence e serie volume 2)*

Più libri da noi sono sul modo di educare voi per lo studio della matematica. Siamo impegnati, affidabile, robusta ed efficace per aumentare il vostro quoziente intellettuale dello studio della matematica. Soggiorno colla per il nostro sito e blog per ulteriori informazioni. Avere un tempo meraviglioso con noi

AVVISO IMPORTANTE agli studenti adorabile, DOCENTI E CLIENTI

Ci scusiamo per eventuali errori topografica in questo libro. Il sapore della matematica è una società di proprietà di matematica inglese. Gli errori non sono intenzionali e faremo del nostro meglio per riconoscere le e-mail e commenti sul nostro sito. Inoltre, abbiamo gentilmente vi invitiamo ad accettare noi e proteggere i nostri libri per aiutarvi ad avere successo nella vostra carriera matematica. Siamo inoltre felici di farvi sapere che tutti i nostri libri sono tradotti verso le seguenti lingue per la tua vacanza lingua e di interesse desiderato;

- *Lingua inglese*
- *Lingua italiana*
- *Lingua tedesca*
- *Lingua francese*
- *Lingua spagnola*

Seconda della lingua preferita, l'acquisto di libri, risolve da esso, imparare da esso inculcare da esso e godere il sapore della matematica.